Praktischer Leitfaden für Zahlenfolgen von Grigori Grabovoi

Praktische Übungen, um völlige Harmonie und körperliches, geistiges, spirituelles und wirtschaftliches Wohlbefinden zu erreichen

Milena Sangiacomo und Helena Sokorina

Grigori Grabovoi - Zahlenfolgen und die Steuerung der Realität

Alle Rechte vorbehalten. Kein Teil dieser Publikation darf ohne vorherige schriftliche Genehmigung des Herausgebers in irgendeiner Form oder mit irgendwelchen Mitteln, einschließlich Fotokopien, Aufnahmen oder anderen elektronischen oder mechanischen Methoden, vervielfältigt, verbreitet oder übertragen werden, mit Ausnahme von kurzen Zitaten, die in Rezensionen eingefügt werden, und bestimmten anderen nicht-kommerziellen Verwendungen, die nach dem Urheberrechtsgesetz zulässig sind.

Copyright © 2024 von Milena Sangiacomo
ISBN: 9798335281485
Für Genehmigungsanträge wenden Sie sich bitte an Life and Book unter: info@lifeandbook.com

Besuchen Sie unsere Website: www.lifeandbook.com
für zusätzliche Ressourcen und Informationen über bevorstehende Veröffentlichungen.

INHALT

Kapitel 1 - Grigori Grabovoi - Das Genie hinter den Zahlenfolgen   9

    Eine außergewöhnliche Kindheit   9

    Entdeckungen und das Zahlenfolgesystem   10

    Globale Auswirkungen   11

    Kritik und Skepsis   13

Kapitel 2 - Die Grundprinzipien von Zahlenfolgen - Der Geheimcode des Universums   14

    Das digitale Grabovoi-Protokoll   15

    Die Konfiguration von Zahlenfolgen   16

Kapitel 3 - Anleitung zur Verwendung der Zahlenfolgen von Grigori Grabovoi — 19

Anleitung zur Kontrolle der Realität und zur bewussten Wiederherstellung des psychophysischen Wohlbefindens — 20

Bei psychophysischen Erkrankungen — 22

Für Situationen des täglichen Lebens (z. B. Verbesserung der finanziellen Situation) — 24

Zahlenfolge für die Wiederverbindung mit dem Schöpfer und die universelle Har monisier ung — 28

PILOTAGEN — 30

Zahlenfolge für die Normalisierung der Finanzla ge — 33

PILOTAGEN — 36

Zahlenfolge für die Gesundheit der gesamten Menschheit, Vertrauen und Freude — 38

PILOTAGEN — 40

Zahlenfolge, um eine negative Situation in eine positive zu verwandeln	42
PILOTAGEN	44
Zahlenfolge, um Ihre innere Zentrierung und Ihr inneres Gleichgewicht zu erreichen	47
PILOTAGEN	49
Zahlenfolge für den absoluten Gesundheitszustand	51
PILOTAGEN	54
Zahlenfolge für die Verbindung mit Ihrem Geist und mit dem Schöpfer	56
PILOTAGEN	59
Der Doppelkegel	61
Notfälle	65
Liste der wichtigsten Zahlenfolgen von Grigori Grabovoi	67
Ein GESCHENK für Sie	137

Schlussfolgerungen 138

Bio 142

Haftungsausschluss 143

Praktischer Leitfaden

Kapitel 1 - Grigori Grabovoi - Das Genie hinter den Zahlenfolgen

Der Name Grigori Grabovoi klingt wie ein rätselhaftes Echo in der Welt der Zahlenfolgen. Wer ist diese ungewöhnliche Person und wie hat sie es geschafft, ein System zu entwickeln, das die Realität so stark beeinflusst? In diesem Kapitel werden wir Grigori Grabovois Reise erkunden und sein außergewöhnliches Leben und seine relevanten Entdeckungen aufzeigen, die das Leben unzähliger Menschen auf der ganzen Welt maßgeblich beeinflusst haben.

Eine außergewöhnliche Kindheit

Grigori Petrovich Grabovoi wurde am 14. November 1963 in der Stadt Bogara in Kasachstan geboren. Schon in seiner Jugend waren seine außergewöhnliche Intelligenz und seine Neigung zum schnellen Lernen offensichtlich. Diese Besonderheit sollte bei seinen späteren Enthüllungen eine entscheidende Rolle spielen.

Grabovois akademische Laufbahn begann am Institut für Quantenmechanik und Optik in Moskau, wo er sein Interesse an Mathematik, Physik und Quantenmechanik entwickelte. Diese Studienbereiche wurden zur Grundlage seiner Theorien und der Zahlenfolgen, die er später formulierte.

Entdeckungen und das Zahlenfolgesystem

Die eigentliche Revolution von Grigori Grabovoi nahm in den 1990er Jahren ihren Lauf, als er sein System der Zahlenfolgen entwickelte und verbreitete. Basierend auf der Überzeugung, dass Zahlen eng mit den grundlegenden Gesetzen des Universums verbunden sind, vertritt Grabovoi die Ansicht, dass bestimmte Zahlenfolgen in Wirklichkeit die Realität selbst formen und verändern können.

Aber wie ist Grabovoi vorgegangen, um diese Zahlenfolgen zu entwickeln? Die Antwort auf diese Frage ist ebenso faszinierend wie mysteriös. Grabovoi behauptet, er habe einen höheren Bewusstseinszustand erreicht, in dem er ein tiefes Verständnis der Gesetze des Universums und der mathematischen Zusammenhänge, die diese regeln, erlangt habe. In diesem Zustand des Erwachens entwarf er die Zahlenfolgen, die die Grundlage seines Systems bilden.

Globale Auswirkungen

Die Entdeckungen von Grigori Grabovoi blieben nicht auf die Grenzen seines Labors oder seines Geistes beschränkt. Sein System der Zahlenfolgen hatte weltweite Auswirkungen und beeinflusste Tausende von Menschen auf der ganzen Welt. Von Wunderheilungen bis zur Steigerung des Wohlstands, vom Schutz vor katastrophalen Ereignissen bis zur Erweiterung des spirituellen Bewusstseins - diese Zahlenfolgen haben auf ein breites Spektrum menschlicher Herausforderungen reagiert.

Ihre Botschaft der Hoffnung und der persönlichen Ermächtigung hat das Leben vieler Menschen berührt und ihnen die Werkzeuge an die Hand gegeben, die sie brauchen, um die täglichen Herausforderungen zu meistern.

Kritik und Skepsis

Wie es bei bahnbrechenden Entdeckungen oft der Fall ist, wurde Grigori Grabovoi von Teilen der wissenschaftlichen und medizinischen Gemeinschaft mit Kritik und Skepsis konfrontiert. Einige meinten, seinen Theorien fehle es an einer soliden wissenschaftlichen Grundlage und Zahlenfolgen seien kaum mehr als Pseudowissenschaft.

Ihre Befürworter heben jedoch die greifbaren Ergebnisse hervor, die durch die Anwendung von Zahlenfolgen erzielt werden, als Beweis für ihre Wirksamkeit.

Kapitel 2 - Die Grundprinzipien von Zahlenfolgen - Der Geheimcode des Universums

Die von Grigori Grabovoi geschaffenen Zahlenfolgen mögen auf den ersten Blick geheimnisumwittert erscheinen, doch wenn Sie erst einmal ihre grundlegenden Pfeiler verstanden haben, eröffnet sich Ihnen eine Welt unglaublicher Möglichkeiten.

In diesem Kapitel führe ich Sie durch den Geheimcode von Zahlenfolgen und offenbare Ihnen die Methode, ihre Bedeutung zu entschlüsseln und ihre Struktur zu verstehen. Die Beherrschung dieser grundlegenden Konzepte ist entscheidend, um ihr außergewöhnliches Potenzial voll auszuschöpfen.

Das Grabovoi-Protokoll

Um vollständig in die Welt der Zahlenfolgen einzutauchen, ist es unerlässlich, sich ein umfassendes Wissen über das numerische Protokoll anzueignen, auf dem sie beruhen. Grigori Grabovoi hat ein spezielles Zahlensystem entworfen, das eine Verbindung zwischen Zahlen und Ereignissen, Objekten oder Situationen in der Realität herstellt.

Dieses System stellt die Grundlage für Zahlenfolgen dar und definiert deren Mächtigkeit.

Grabovoi vertritt die Ansicht, dass jede Zahlenfolge eine einzigartige Schwingung im Universum verkörpert. Die Verwendung dieser Sequenzen ermöglicht es, eine direkte Kommunikation mit diesen kosmischen Energien herzustellen. Es ist genau diese Interaktion, die den Zahlenfolgen eine außergewöhnliche Macht verleiht: Es ist eine Sprache, die die Barrieren der Worte überwindet und sich direkt mit den tiefen Gesetzen des Universums verbindet.

Die Konfiguration von Zahlenfolgen

Grabovoi-Zahlensequenzen halten sich an ein bestimmtes Muster, das sie leicht identifizierbar und nutzbar macht. In der Regel bestehen sie aus einer Zahlenfolge von einer bis acht Ziffern, und jede Zahlenfolge ist in ihrem Zweck einzigartig. Beispielsweise kann eine Zahlenfolge so gestaltet sein, dass sie Heilung fördert, während eine andere Zahlenfolge so gestaltet sein kann, dass sie finanziellen Wohlstand anzieht.

Zahlenfolgen haben eine sorgfältig durchdachte Struktur, bei der die Ziffern in einer bestimmten Reihenfolge angeordnet sind. Diese Anordnung spielt eine entscheidende Rolle für ihre Wirksamkeit, und selbst die kleinste Abweichung in der Reihenfolge der Zahlen kann die Absicht der Sequenz verändern. Daher ist die genaue Einhaltung der Zahlenfolge von größter Bedeutung, um optimale Ergebnisse zu erzielen.

Zahlenfolge für die physische Regeneration

Zahlenfolge: 714 389 917

Beschreibung: Diese Zahlenfolge zielt auf die körperliche Regeneration und die Verbesserung des allgemeinen Wohlbefindens ab. Jede Figur hat ein bestimmtes Ziel. Die Zahl "714" steht für Heilung und Wiederherstellung der Gesundheit. Die Zahl "389" konzentriert sich auf positive Energie und Vitalität. 917" schließlich fördert die Kraft und die Regeneration des Körpers.

Zahlenfolge für innere Ruhe

Zahlenfolge: 528 741 369

Beschreibung: Diese Zahlenfolge wurde entwickelt, um innere Ruhe und geistige Gelassenheit zu fördern. Die Zahl "528" steht für Harmonie und emotionales Gleichgewicht. Die Zahl "741" steht in Verbindung mit geistiger Stabilität und psychologischem Wohlbefinden. "369" konzentriert sich auf das Bewusstsein und die innere Gelassenheit.

Zahlenfolge für Kreativität und Inspiration

Zahlenfolge: 619 835 724

Beschreibung: Diese Zahlenfolge soll die Kreativität und Inspiration anregen. "619" steht für die Offenheit für Kreativität und neue Ideen. "835" konzentriert sich auf den künstlerischen Ausdruck und die kreative Entfaltung. Und schließlich fördert "724" die kontinuierliche Inspiration und das künstlerische Wachstum.

Diese Beispiele zeigen, wie Grigori Grabovois Zahlenfolgen für verschiedene Zwecke gestaltet werden können, von der Heilung bis zum persönlichen Wachstum, vom emotionalen Wohlstand bis zur kreativen Anregung. Jede Zahlenfolge ist einzigartig und folgt einer bestimmten Struktur, um die Energie auf das gewünschte Ergebnis zu lenken.

Kapitel 3 - Anleitung zur Verwendung der Zahlenfolgen von Grigori Grabovoi

Dies sind die wichtigsten Techniken zur Realitätsprüfung. Denken Sie daran, diesen wunderbaren Werkzeugen mit einem offenen Herzen, Hoffnung und Positivität zu begegnen.
Das Universum, der Schöpfer, wird Sie dafür belohnen.

Gute Reise

Anleitung zur Kontrolle der Realität und zur bewussten Wiederherstellung des psychophysischen Wohlbefindens

- Initiale Anrufung (wichtig, damit die Heilungsinformationen von der Seele über den Geist ins Bewusstsein gelangen und das Informationsfeld verändern, das sich in Ergebnissen in der Umwelt niederschlägt):

- *"Ich bin mir in meiner Seele bewusst, ich wünsche mir globale Erlösung und harmonische Entwicklung, und alles, was ich will, ist ...* [visualisieren Sie, was Sie normalisieren und harmonisieren wollen]*...".*

- Stellen Sie sich gedanklich eine Kugel aus weißem Licht mit einem Durchmesser von einem Meter vor, in die Sie die Sequenz einfügen, die Sie verwenden wollen.

- Komprimieren Sie diese Kugel, bis sie die Größe eines Tennisballs hat, und platzieren Sie sie an einer Stelle Ihres Körpers, die Ihnen intuitiv am geeignetsten erscheint.

Bei psychophysischen Erkrankungen

Nachdem Sie die Kugel mit der Sequenz in Ihren Körper eingeführt haben, stellen Sie sich vor, dass die Schwingung der Zahlenfolge, die für Ihre Krankheit typisch ist, allmählich beginnt, Ihren Organismus wieder in den Normalzustand, in das vom Schöpfer festgelegte Gleichgewicht zurückzuführen.

Illuminieren Sie das Ergebnis:

Stellen Sie sich einen weißen Strahl vor, der vom Solarplexus ausgeht und aus dem Dritten Auge kommt und das Ergebnis (z. B. Ihr Hologramm mit der Kugel) beleuchtet.

Erleuchte dich mit dem Licht des Schöpfers:

Verwenden Sie ein blendendes Licht, das von vorne kommt und mit der Seele des Schöpfers unterlegt ist.

Stellen Sie sich ein riesiges Panorama nach Ihrem Geschmack vor. Sprechen Sie folgende Worte: "Ich beleuchte dieses Ergebnis mit meinem Licht und mit dem Licht des Schöpfers, vor dem Hintergrund der Seele des Schöpfers, und ich fixiere dieses Ergebnis mit dem Licht des Schöpfers. Stellen Sie sich ein vertikales Licht vor, das das Bild "sprudelt" und es in ein Foto verwandelt.

Geben Sie das Datum und die Uhrzeit ein:

Wenden Sie das aktuelle Datum und die aktuelle Uhrzeit auf dieses Bild an, damit die Normalisierung ab diesem Zeitpunkt stattfindet.

Unendlich senden:

Schicken Sie dieses Bild in die Unendlichkeit, z. B. indem Sie es in den Kosmos pusten.

Drücken Sie Dankbarkeit aus.

Sagen Sie "Danke".

Für Situationen des täglichen Lebens (z. B. Verbesserung der finanziellen Situation)

Für Ihr wirtschaftliches Wohlergehen:

Stellen Sie sich vor, Sie platzieren die Sequenz in einer Szene, in der Sie sich reich fühlen. Sie sind selbstbewusst und fühlen sich zufrieden und glücklich.

Illuminieren Sie das Ergebnis:

Stellen Sie sich einen weißen Strahl vor, der vom Solarplexus ausgeht und aus dem Dritten Auge kommt und das Ergebnis (z. B. Ihr Hologramm mit der Kugel) beleuchtet.

Erleuchte dich mit dem Licht des Schöpfers:

Verwenden Sie ein blendendes Licht, das von vorne kommt und mit der Seele des Schöpfers unterlegt ist.

Stellen Sie sich ein riesiges Panorama nach Ihrem Geschmack vor. Sprechen Sie folgende Worte: "Ich beleuchte dieses Ergebnis mit meinem Licht und mit dem Licht des Schöpfers, vor dem Hintergrund der Seele des Schöpfers, und ich fixiere dieses Ergebnis mit dem Licht des Schöpfers". Stellen Sie sich ein vertikales Licht vor, das das Bild "sprudelt" und es in ein Foto verwandelt.

Geben Sie das Datum und die Uhrzeit ein:

Wenden Sie das aktuelle Datum und die aktuelle Uhrzeit auf dieses Bild an, damit die Normalisierung ab diesem Zeitpunkt stattfindet.

Drücken Sie Dankbarkeit aus.

Sagen Sie "Danke".

Befolgen Sie in diesem Fall alle oben beschriebenen Schritte, aber senden Sie das Foto oder das Bild nicht endlos.

Für diesen Pilot können Sie die folgenden Zahlenfolgen verwenden oder die Zahlenfolgen, die am meisten repräsentieren, indem Sie sie aus der Liste in diesem Buch auswählen.

- **Ewige persönliche Entwicklung:** 9888772988. Visualisieren Sie die Zahlenfolge innerhalb einer Kugel, die von Blau zu Gold wechselt. Diese Steuerung eröffnet eine kontinuierliche individuelle Entwicklung.

- **Umwandlung einer negativen in eine positive Situation:** 1888948

- **Sofortige Antworten erhalten Sie unter** 417584217888. Diese Sequenz repräsentiert die Ewige Informationsquelle. Stellen Sie sich vor, dass die Sequenz ein silbernes Licht ausstrahlt, wenn sie über Sie hinwegfliegt, nachdem Sie eine Frage gestellt haben. Kurz darauf sollten Sie einen Gedanken erhalten, der die Antwort auf Ihre Frage ist.

- **Negative Informationen in positive umwandeln:** 19751

Nützliche Präzision

Wenn Sie für andere oder für den Planeten steuern (letzteres wird für das globale Heil und die harmonische Entwicklung der gesamten Erde in regelmäßigen Abständen empfohlen), sprechen Sie immer das Kommando: "*Ich schalte auf die Makroebene um...*".

Praktischer Leitfaden

Zahlenfolge für die Wiederverbindung mit dem Schöpfer und die universelle Harmonisierung
14111963

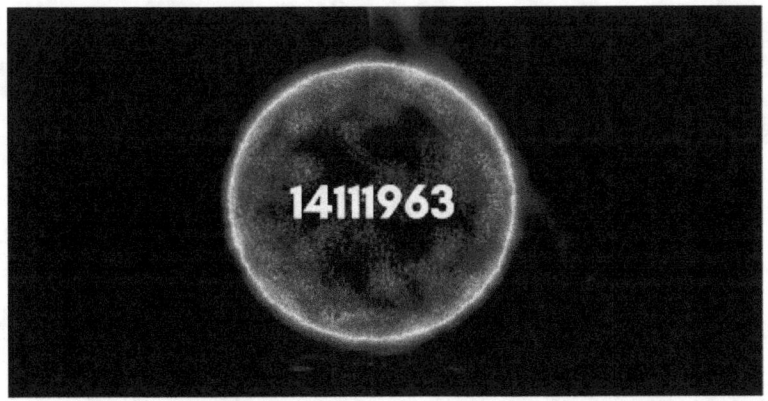

Die Wiederverbindung mit dem Schöpfer ist ein Akt der Dankbarkeit, eine Rückkehr zu dem Bewusstsein, dass wir Teil eines größeren Plans sind.

Es bedeutet, die Weisheit zu umarmen, die unser begrenztes Verständnis übersteigt, Trost darin zu finden, dass wir von einer Kraft geliebt und geleitet werden, die über unseren irdischen Weg hinausgeht.

Universelle Harmonisierung ist wie das Einstimmen in die kosmische Melodie, die alle Aspekte der Existenz vereint. Es geht darum, zu verstehen, dass jedes Wesen eine Note in diesem riesigen Konzert ist und dass unsere innere Harmonie zum universellen Gleichgewicht beiträgt. Diese Harmonie zu finden, bedeutet, die Vielfalt als Teil der kosmischen Schönheit zu begrüßen.

Gemeinsam schaffen die Rückverbindung mit dem Schöpfer und die universelle Harmonisierung ein Gefühl tiefen Friedens und Verständnisses in unseren Herzen. Es ist ein Aufruf zur Kontemplation, eine Einladung, die Spannungen des Alltags zu lindern und Trost in dem Wissen zu finden, dass wir Teil von etwas Größerem und Wunderbarerem sind, als wir es uns vorstellen können.

Diese Zahlenfolge ist ein kraftvolles symbolisches Werkzeug, um eine tiefe Verbindung mit dem Schöpfer wiederherzustellen und sich auf die Universelle Harmonisierung einzustellen. Ihre Anwendung ist wesentlich, um die Türen zur Spiritualität zu öffnen, das Bewusstsein zu fördern und eine positive Ausrichtung an der kosmischen Energie zu erleichtern, wodurch sie zum allgemeinen Wohlbefinden von Geist, Körper und Seele beiträgt.

PILOTAGEN

"Bringen Sie mich und alle anderen auf den Pfad des Schöpfers zurück und HARMONISIEREN Sie jedes physische, emotionale und informationelle Ereignis aus allen Bereichen und auf allen Ebenen mithilfe der Zahlenfolge 14111963."

Folgen Sie den Anweisungen, um die Realität zu steuern:

- **Siehe:**
- Stellen Sie sich eine Kugel aus goldenem Licht mit einem Durchmesser von einem Meter vor.

- **Eingabe der Zahlenfolge:**
- Platzieren Sie gedanklich die Zahlenfolge 14111963 innerhalb dieser Lichtkugel.

- **Konzentration:** Konzentrieren Sie sich auf das
- goldene Licht, das sich ausbreitet und jeden Aspekt Ihrer Existenz und die eines jeden anderen einhüllt.

- **Bestätigung::** Sagen Sie die Absicht laut oder im Geiste: "Um mich und alle anderen auf den Weg des Schöpfers zurückzubringen und jedes physische, emotionale und informationelle Ereignis in allen Bereichen und auf allen Ebenen zu harmonisieren."

- **Ausdehnung des Lichts:** Visualisieren Sie dieses sich ausdehnende goldene Licht, das jede Situation, Emotion und Information in allen Bereichen Ihres Lebens und des Lebens jedes Einzelnen umhüllt.

- **Schlussfolgerung:** Beenden Sie den Prozess mit einem Gefühl der Dankbarkeit und des Vertrauens in die Kraft dieser Praxis.

Dieser Prozess zielt darauf ab, die Verbindung mit dem Schöpfer wiederherzustellen und alle Aspekte des Lebens auf körperlicher, emotionaler und informationeller Ebene zu harmonisieren.

Zahlenfolge für die Normalisierung der Finanzlage
71427321893

Das Erreichen einer beruhigten finanziellen Situation ist von grundlegender Bedeutung, da sie sich direkt auf die Lebensqualität und das allgemeine Wohlbefinden auswirkt. Hier sind einige der wichtigsten Gründe, warum finanzielle Stabilität so entscheidend ist:

- **Sicherheit und Emotionen:** Eine stabile finanzielle Situation vermittelt ein Gefühl der emotionalen Sicherheit. Ohne ständige Geldsorgen können Sie sich auf andere Lebensbereiche konzentrieren, was Stress reduziert und das psychische Wohlbefinden steigert.

- **Entscheidungsfreiheit:** Eine ruhige finanzielle Situation bietet eine größere Entscheidungsfreiheit. Sie können Entscheidungen treffen, die auf Ihren persönlichen Wünschen und Leidenschaften beruhen, anstatt gezwungen zu sein, Entscheidungen zu treffen, die nur auf finanziellen Notwendigkeiten beruhen.

- **Verbesserung der Lebensqualität:** Eine solide finanzielle Situation ermöglicht den Zugang zu Dienstleistungen und Gütern, die die Lebensqualität verbessern, wie z. B. eine gute medizinische Versorgung, Reisen, fortschrittliche Bildung und mehr Zeit für ihre Lieblingsbeschäftigungen.

- **Krisenresistenz:** Finanziell stabil zu sein bietet ein Sicherheitsnetz in Krisenzeiten. Sie sind in der Lage, unvorhergesehene Ausgaben zu tätigen, ohne in ernsthafte Schwierigkeiten zu geraten oder sich übermäßig zu verschulden.

- **Auswirkungen auf die körperliche und geistige Gesundheit:** Der Zusammenhang zwischen finanzieller Gesundheit und körperlicher und geistiger Gesundheit ist klar. Finanzieller Stress kann zu körperlichen und geistigen Gesundheitsproblemen beitragen, während eine ruhige finanzielle Situation das allgemeine
Wohlbefinden fördern kann.

PILOTAGEN

" *Zur Normalisierung Ihrer FINANZIELLEN SITUATION. Wirtschaftliche Vorteile und Verbesserungen durch die Verwendung der Zahlenfolge* 71427321893".

Folgen Sie den Anweisungen, um die Realität zu steuern:

- **Siehe:**
- Stellen Sie sich eine Kugel aus hellem Licht vor, die Ihre ideale finanzielle Situation darstellt.

- **Eingabe der Zahlenfolge:**
- Platzieren Sie gedanklich die Zahlenfolge 71427321893 innerhalb dieser Lichtkugel.

- **Konzentration:** Konzentrieren Sie sich auf das von
- der Sequenz ausgehende Licht, das die Normalisierung Ihrer finanziellen Situation symbolisiert.

- **Bestätigung::**

- Sagen Sie die Absicht laut oder im Geiste: "*Zur Normalisierung Ihrer FINANZLAGE. Wirtschaftliche Vorteile und Verbesserungen durch die Verwendung der Zahlenfolge 71427321893.*"

- **Ausdehnung des Lichts:** Visualisieren Sie, wie sich
- dieses helle Licht ausbreitet, alle Aspekte Ihrer finanziellen Situation umhüllt und durchdringt und wirtschaftliche Vorteile und Verbesserungen mit sich bringt.

- **Schlussfolgerung:** Schließen Sie den Prozess mit
- einem Gefühl der Zuversicht und Dankbarkeit für die Normalisierung Ihrer finanziellen Situation ab.

Dieser Prozess soll die Normalisierung der Finanzlage darstellen und wirtschaftliche Vorteile und Verbesserungen fördern.

Praktischer Leitfaden

Zahlenfolge für die Gesundheit der gesamten Menschheit, Vertrauen und Freude
88888588888

Gesundheit ist das Fundament, auf dem unsere Existenz aufgebaut ist, eine solide Struktur, die es uns ermöglicht, den Herausforderungen des Lebens zu begegnen.

Vertrauen ist wie ein zuverlässiger Führer, der den Weg erhellt und uns in schwierigen Zeiten ein Gefühl der Sicherheit vermittelt. Freude ist ein treuer Begleiter, der unsere Tage mit positiven Emotionen färbt und uns Leichtigkeit und Sinn verleiht.

Diese drei Elemente - Gesundheit, Vertrauen und Freude - arbeiten zusammen, um ein Gleichgewicht in unserem täglichen Leben herzustellen. Wir können die Gesundheit durch bewusste Entscheidungen kultivieren, das Vertrauen durch positive Erfahrungen nähren und die Freude in den kleinen Freuden des Lebens suchen.

Letztendlich sind Gesundheit, Vertrauen und Freude miteinander verbunden und bilden ein Gewebe, das unserem Leben Sinn verleiht. Zu wissen, wie man diese Elemente ins Gleichgewicht bringt, trägt zum allgemeinen Wohlbefinden bei und hilft uns, ein erfülltes und zufriedenes Leben zu führen.

PILOTAGEN

"*Für die Gesundheit der gesamten Menschheit, Vertrauen und Freude, unter Verwendung der Zahlenfolge* 88888588888".

Folgen Sie den Anweisungen, um die Realität zu steuern:

- **Siehe:** Stellen Sie sich einen strahlenden Lichtstrom vor, der Gesundheit, Zuversicht und Freude für die gesamte Menschheit darstellt.

- **Eingabe der Zahlenfolge:**
- Platzieren Sie gedanklich die Zahlenfolge 88888588888 in diesem Lichtstrom.

- **Konzentration:** Konzentrieren Sie sich auf das Licht, das von der Sequenz ausgeht und Gesundheit, Zuversicht und Freude symbolisiert, die die gesamte Menschheit umfassen.

- **Bestätigung::** Sagen Sie die Absicht laut oder im
- Geiste: *"Für die Gesundheit der gesamten Menschheit, Vertrauen und Freude, unter Verwendung der Zahlenfolge 88888588888".*

- **Ausdehnung des Lichts:** Visualisieren Sie diesen
- Strom strahlenden Lichts, der sich ausbreitet, jeden Einzelnen umhüllt und durchdringt und allen Gesundheit, Zuversicht und Freude bringt.

- **Schlussfolgerung:** Schließen Sie den Prozess mit
- einem Gefühl des Vertrauens in die Kraft dieser Sequenz für die Gesundheit der Menschheit und in die Freude, die

  sie bringen kann, ab.

Dieser Prozess soll Gesundheit, Zuversicht und Freude für die gesamte Menschheit darstellen.

Praktischer Leitfaden

Zahlenfolge, um eine negative Situation in eine positive zu verwandeln

1888948

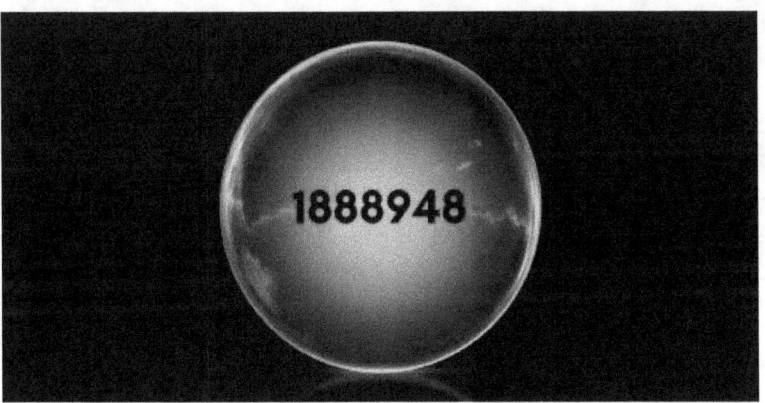

Im Strudel der Herausforderungen kann jede negative Situation ein fruchtbarer Boden für Wachstum und positive Veränderungen sein. Wie Samen, die in einen schwierigen Boden gepflanzt werden, können wir lernen, Hoffnung zu verwurzeln und die Resilienz zu nähren.

Transformation beginnt mit einem mutigen Schritt, einer Verpflichtung, über die Schwierigkeiten hinwegzusehen und nach den im Dunkeln verborgenen Möglichkeiten zu suchen. Wenn wir Widrigkeiten mutig begegnen, befinden wir uns auf dem Weg zur persönlichen Neuentdeckung.

Oft liegt der Schlüssel zur Transformation in der Perspektive. Wenn wir unsere Sichtweise auf Herausforderungen ändern, kann uns das neue Lösungen und Möglichkeiten eröffnen. Durch Selbstbewusstsein und Mitgefühl können wir Schmerz in Stärke, Enttäuschung in Lernen umwandeln und so schrittweise eine positivere Realität aufbauen.

Transformation braucht Zeit und Geduld, aber jeder Schritt, der in Richtung Positivität getan wird, ist ein Triumph für sich. Mit kleinen, konsequenten Anstrengungen können wir uns eine neue Geschichte zurechtlegen und unsere Zukunft mit Kapiteln der Hoffnung, der Resilienz und des persönlichen Wachstums neu schreiben.

dass Negativität eine leere Leinwand sein kann, auf der eine Geschichte der Wiedergeburt gemalt werden kann. Jeder Tag bietet die Möglichkeit, unser Schicksal zu gestalten und Widrigkeiten in ein Sprungbrett für eine strahlende Zukunft zu verwandeln.

PILOTAGEN

"Um eine negative Situation in eine positive zu verwandeln, indem man die Zahlenfolge 1888948 verwendet."

Folgen Sie den Anweisungen, um die Realität zu steuern:

- **Siehe:**
- Stellen Sie sich eine strahlende Lichtkugel vor, die die gewünschte positive Situation darstellt.

- **Eingabe der Zahlenfolge:**
- Platzieren Sie gedanklich die Zahlenfolge 1888948 innerhalb dieser Lichtkugel.

- **Konzentration:** Konzentrieren Sie sich auf das
- Licht, das von der Sequenz ausgeht und die Umwandlung der negativen Situation in eine positive symbolisiert.

- **Bestätigung::** Sagen Sie die Absicht laut oder im
- Geiste: *"Für die Umwandlung einer negativen Situation in eine positive, unter Verwendung der Zahlenfolge 1888948."*

- **Ausdehnung des Lichts:** Visualisieren Sie dieses
- strahlende Licht, wie es sich ausbreitet, alle Aspekte der Situation umhüllt und durchdringt und eine positive Veränderung mit sich bringt.

- **Schlussfolgerung:** Schließen Sie den Prozess mit
- einem Gefühl der Zuversicht und Positivität ab, indem Sie sich einstimmen, dass die Situation in eine darauf
  günstigere Lageumgewandelt wird.

Dieser Prozess soll die Umwandlung einer negativen Situation in eine positive darstellen.

Praktischer Leitfaden

Zahlenfolge, um Ihre innere Zentrierung und Ihr inneres Gleichgewicht zu erreichen
71381921

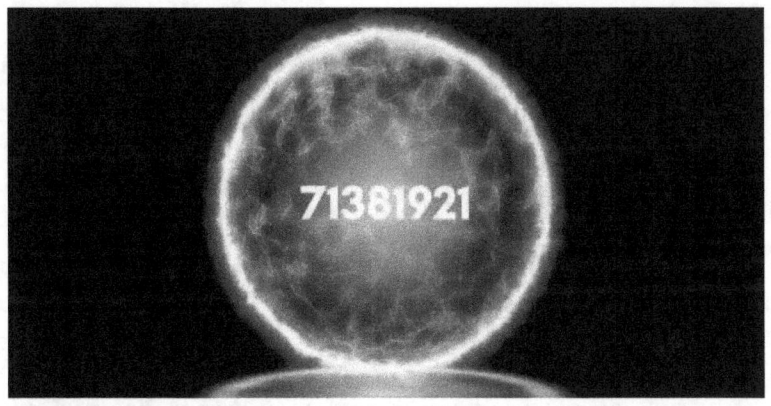

Wie Blätter, die in einer leichten Brise hängen, können wir mit dem Leben tanzen und dabei ein inneres Gleichgewicht bewahren, das es uns ermöglicht, Herausforderungen mit Gelassenheit zu begegnen.

Die Suche nach der Zentrierung ist eine persönliche Reise, eine tiefe Erkundung dessen, wer wir sind und was uns innerlich nährt. Sie ist ein Akt der Freundlichkeit uns selbst gegenüber, ein Eingeständnis, dass wir inmitten des Chaos eine Oase der Ruhe entdecken können.

Das innere Gleichgewicht ist kein Fixpunkt, sondern vielmehr eine fließende Anpassung an sich verändernde Umstände. Wie ein gut verwurzelter Baum, der sich im Wind biegt, können wir lernen, flexibel zu sein, ohne unsere innere Stabilität zu verlieren.

Die Praxis des Zentrierens kann Momente der Reflexion, des Atembewusstseins und der Verbindung mit dem, was uns inspiriert, beinhalten. Es ist ein Akt des aktiven Zuhörens zu sich selbst, ein tägliches Ritual, das uns hilft, unser Gleichgewicht wiederzufinden, wenn wir uns verloren fühlen.

Zentriert zu sein bedeutet nicht, Herausforderungen aus dem Weg zu gehen, sondern ihnen mit Klarheit und Entschlossenheit zu begegnen. Es ist ein Prozess der Authentizität, in dem wir die Gesamtheit dessen, was wir sind, mit all unseren Stärken und Schwächen umarmen.

Auf dieser Reise der inneren Suche können wir entdecken, dass wahre Zentrierung ein Akt der Liebe zu uns selbst ist, ein Geschenk, das es uns ermöglicht, Frieden und Gelassenheit in die Welt um uns herum auszustrahlen.

PILOTAGEN

"Um deine innere Zentrierung und dein Gleichgewicht zu erreichen, verwende die Zahlenfolge 71381921."

Folgen Sie den Anweisungen, um die Realität zu steuern:

- **Siehe:** Stellen Sie sich einen harmonischen
- Lichtstrom vor, der Ihre innere Zentrierung und Ihr inneres Gleichgewicht repräsentiert.

- **Eingabe der Zahlenfolge:**
- Platzieren Sie gedanklich die Zahlenfolge 71381921 in diesem Lichtstrom.

- **Konzentration:** Konzentrieren Sie sich auf das von der Sequenz ausgehende Licht, das die Zentrierung und das innere Gleichgewicht symbolisiert, die Sie anstreben.

- **Bestätigung:** Sagen Sie die Absicht laut oder im Geiste: "*Um seine innere Zentrierung und sein inneres Gleichgewicht zu erreichen, indem er die Zahlenfolge 71381921 verwendet.*"

- **Ausdehnung des Lichts:** Visualisieren Sie, wie sich dieser harmonische Lichtstrom ausbreitet, jeden Teil Ihres Wesens umhüllt und durchdringt und Zentrierung und Gleichgewicht mit sich bringt.

- **Schlussfolgerung:** Schließen Sie den Prozess mit einem Gefühl der Ruhe, Zentriertheit und Ausgeglichenheit ab, das mit Ihrem friedlichen Inneren übereinstimmt.

Dieser Prozess ist wesentlich, um Ihnen zu helfen, Ihre innere Zentrierung und Ihr Gleichgewicht zu erreichen.

Praktischer Leitfaden

Zahlenfolge für den absoluten Gesundheitszustand
1884321

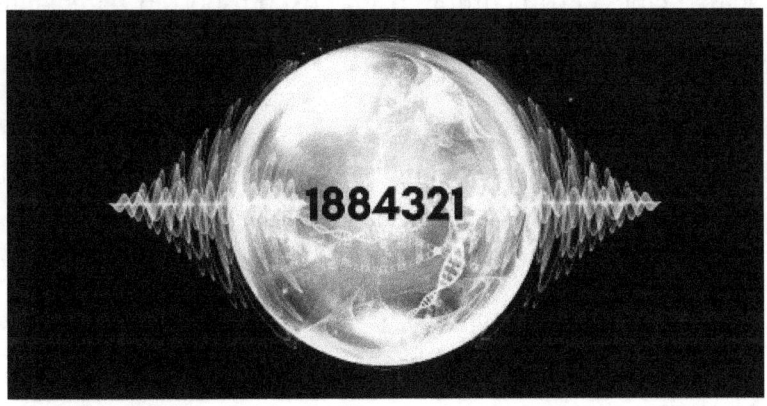

Im Laufe unseres Lebens wird das Wiedererlangen der Gesundheit zu einer tiefen Reise, einer Rückkehr zu sich selbst durch die Herausforderungen und Freuden, denen wir auf unserem Weg begegnen. Gesundheit ist nicht nur die Abwesenheit von körperlicher Krankheit, sondern auch ein harmonisches Gleichgewicht, das emotionales und spirituelles Wohlbefinden umfasst.

Körperliche Gesundheit ist die Grundlage, auf der wir unseren Weg gehen. Körperpflege, ausgewogene Ernährung und Bewegung werden zu den Werkzeugen, mit denen wir unser körperliches Wohlbefinden formen können. Jeder Schritt in Richtung einer erneuerten körperlichen Gesundheit ist ein Akt der Liebe zu uns selbst, eine Verpflichtung, nach unseren besten Fähigkeiten zu leben.

Emotionales Gleichgewicht ist ein wesentlicher Schritt auf dem Weg zur Gesundheit. Die Tiefe unserer Gefühle zu erforschen, sich emotionalen Herausforderungen zu stellen und Resilienz zu kultivieren sind grundlegende Schritte. Emotionale Gesundheit wiederzuerlangen bedeutet, unser Menschsein mit all seinen Emotionen zu umarmen und zu lernen, wohlwollend mit ihnen umzugehen.

Die spirituelle Gesundheit vervollständigt das Bild, indem sie unserem Wesen Sinn und Verbindung verleiht. Sie ist die Nahrung für die Seele durch Nachdenken, Dankbarkeit und die Suche nach einem größeren Ziel. Spirituelle Gesundheit zu finden ist eine innere Reise, die uns dazu bringt, die Schönheit und das Mysterium des Lebens zu erforschen.

Gemeinsam weben diese drei Säulen - körperliche, emotionale und spirituelle Gesundheit - ein Gewebe, das unsere menschliche Erfahrung definiert. Gesundheit in all diesen Dimensionen zu finden, ist ein Akt der umfassenden Selbstfürsorge, eine Verpflichtung, ein Leben zu führen, in dem Körper, Geist und Seele in Harmonie miteinander tanzen.

Nachfolgend finden Sie eine Liste der wichtigsten Zahlenfolgen, mit denen Sie Gesundheit in Ihr Leben zurückbringen können.

PILOTAGEN

" *Stellen Sie die absolute NORM der Gesundheit dar. Vollständige Wiederherstellung und Wiedererlangung der GESUNDHEIT unter Verwendung der Zahlenfolge 1884321*".

Folgen Sie den Anweisungen, um die Realität zu steuern:

- **Siehe:**
- Stellen Sie sich eine strahlende Lichtkugel vor, die Ihre Gesundheit repräsentiert.

- **Eingabe der Zahlenfolge:**
- Platzieren Sie gedanklich die Zahlenfolge 1884321 innerhalb dieser Lichtkugel.

- **Konzentration:** Konzentrieren Sie sich auf das von
- der Sequenz ausgehende Licht, das den absoluten Standard der Gesundheit darstellt.

- **Bestätigung::**

- Sprechen Sie die Absicht laut oder im Geiste aus: *"Dies stellt den absoluten GESUNDHEITSSTANDARD dar. Vollständige Wiederherstellung und Wiedererlangung der GESUNDHEIT unter Verwendung der Zahlenfolge 1884321".*

- **Ausdehnung des Lichts:** Visualisieren Sie dieses
- strahlende Licht, wie es sich ausbreitet, jeden Teil Ihres Körpers umhüllt und durchdringt und die Wiederherstellung und vollständige Wiederherstellung der Gesundheit mit sich bringt.

- **Schlussfolgerung:** Schließen Sie den Prozess mit
- einem Gefühl der Dankbarkeit und dem Vertrauen in die Kraft dieser Sequenz für Ihre Gesundheit ab.

Dieser Prozess ist so konzipiert, dass er den absoluten Standard für Gesundheit darstellt und eine vollständige Wiederherstellung der Gesundheit fördert.

Zahlenfolge für die Verbindung mit Ihrem Geist und mit dem Schöpfer
12370744

Die Verbindung mit unserem Geist und dem Schöpfer wiederzuentdecken, wird zu einem Ritual der Wiederentdeckung und tiefen Bewusstwerdung. Es ist eine innere Reise, die uns dazu einlädt, einen aufmerksamen Blick in die Tiefen unserer Seele zu werfen und uns wieder mit der Quelle der Inspiration zu verbinden, die über unser individuelles Wesen hinausgeht.

Sich mit seinem Geist zu verbinden, ist wie nach Hause zu kommen, ein Akt des intimen Zuhörens auf unsere tiefsten Bedürfnisse. Es ist das Erkennen der Leidenschaften, die uns antreiben, der Freuden, die uns wachrütteln, und der Herausforderungen, die uns stärker machen. In dieser Wiederentdeckung der Verbindung mit uns selbst finden wir auch ein Gefühl von Ausgeglichenheit und Authentizität.

Ebenso ist die Verbindung mit dem Schöpfer ein Akt der Öffnung gegenüber der Unendlichkeit, eine Umarmung der schöpferischen Kraft, die das Universum durchdringt. Es ist die Erkenntnis, dass wir Teil eines größeren Bildes sind, eines Netzes, das aus Liebe, Weisheit und Schönheit gewoben ist. Diese Verbindung zu finden, gibt uns in Zeiten der Unsicherheit und Dunkelheit Halt und Sinn.

Gemeinsam verflechten sich die Verbindung mit dem eigenen Geist und mit dem Schöpfer wie zwei Flüsse, die zusammenfließen und einen harmonischen Fluss von Energie und Bewusstsein schaffen. Es ist eine Erinnerung daran, wie wichtig es ist, unsere tiefste Seite zu nähren und uns für eine transzendente Kraft zu öffnen, die uns umgibt und führt.

Auf dieser spirituellen Reise entdecken wir, dass die Verbindung ein Akt der Liebe zu uns selbst und zu der Essenz ist, die uns mit etwas Größerem verbindet. Es ist eine Einladung, mit Dankbarkeit zu gehen, in dem Bewusstsein, dass wir in dieser Verbindung einen sicheren Zufluchtsort für unseren ruhelosen Geist finden.

PILOTAGEN

"Um eine Verbindung mit deinem Spirit und dem Schöpfer herzustellen, indem du die Zahlenfolge 12370744 verwendest."

Folgen Sie den Anweisungen, um die Realität zu steuern:

- **Vorbereitung:**
- Suchen Sie sich einen ruhigen Ort, an dem Sie sich bequem hinsetzen oder hinlegen können.

- **Entspannung:** Atmen Sie tief ein, um sich zu
- entspannen. Konzentrieren Sie sich auf Ihre Atmung, um Ihren Geist zu beruhigen.

- **Siehe:** Stellen Sie sich ein strahlendes Licht über
- sich vor, das Ihren Geist repräsentiert, und ein noch größeres Licht, das den Schöpfer repräsentiert.

- **Eingabe der Zahlenfolge:**

- Stellen Sie die Zahlenfolge 12370744 gedanklich in das Zentrum dieses Lichts und vereinen Sie so Ihren Geist mit dem Schöpfer.

- **Konzentration:** Konzentrieren Sie Ihre
- Aufmerksamkeit auf die Zahlenfolge und spüren Sie dabei eine tiefe Verbindung zwischen Ihrem Geist und dem Schöpfer.

- **Bestätigung::** Sagen Sie die Absicht laut oder im
- Geiste: *"Ich stelle eine Verbindung mit meinem Geist und dem Schöpfer her, indem ich die Zahlenfolge 12370744 benutze."*

- **Startseite:** Umarmen Sie das Gefühl der
- Verbindung und Gegenwart Ihres Geistes und Ihres Schöpfers mit Liebe.

- **Danke:**
- Beenden Sie den Vorgang mit Dankbarkeit für die hergestellte Verbindung.

Der Doppelkegel

Übung zur Zentrierung und zum Gleichgewicht: Sequenz 71381921

- Gehen Sie in Ihre Seele und stimmen Sie sich auf die Vision und das Handeln des Schöpfers ein.
- Wiederholen Sie die Sequenz 71381921 dreimal, um sich wieder zu zentrieren.

Steuerung für das Weltheil und die harmonische Entwicklung: Sequenz 1784121

- Sagen Sie die Sequenz 1784121, um zur weltweiten Rettung, harmonischen Entwicklung und Verhinderung globaler Katastrophen beizutragen.

Stellungnahme für den Weg des Schöpfers und die Universelle Harmonisierung: Sequenz 14111963

- Verwenden Sie die Sequenz 14111963, um sich selbst und andere auf den Weg des Schöpfers zurückzubringen, indem Sie jeden physischen, emotionalen und informationellen Aspekt in allen Bereichen und auf allen Ebenen harmonisieren.

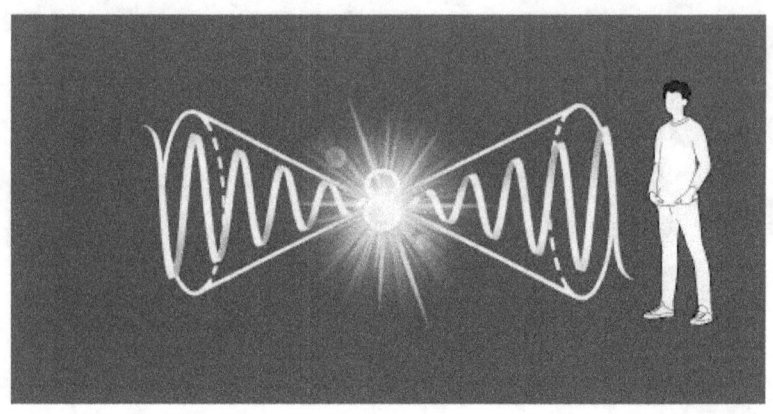

Steuerung mit dem Doppelkegel:

- Stellen Sie sich gedanklich zwei spiegelbildliche Kegel vor, deren Öffnung dem Durchmesser entspricht, den Sie erhalten, wenn Sie Daumen und Zeigefinger zusammenführen.

- An der Verbindungsstelle erzeugt er eine 8, die aus silberweißem Licht besteht, um die Informationen zu transmutieren. Drehen Sie den Doppelkegel im
- Uhrzeigersinn, sodass sich die rechte Öffnung vor dem Solarplexus befindet. Geben Sie die negative Information, die Sie auf den Standard des Schöpfers
- zurückführen wollen, in die richtige Öffnung ein und führen Sie die Information gedanklich zu dem Verbindungspunkt, an dem sie auf die 8 trifft. Aussprache: "Wiederherstellung von... nach dem Banner des Schöpfers". Wenn die Information aus
- dem gegenüberliegenden Horn kommt, erleuchte sie mit deinem Licht und mit dem Licht des Schöpfers,
- auf dem Hintergrund der Seele des Schöpfers, und fixiere sie mit dem Licht des Schöpfers. Sagen Sie die Wörter:

-

Ich beleuchte dieses Ergebnis mit meinem Licht
Mit dem Licht des Schöpfers vor dem Hintergrund der
Seele des Schöpfers
Und ich korrigiere dieses Ergebnis mit dem Licht des
Schöpfers

- Fügen Sie das Datum und die Uhrzeit hinzu.
- Wenn sich das Verhalten auf den Körper bezieht, senden Sie die Information an unendlich.
- Schließen Sie mit Dankbarkeit.

Diese Technik kann für alles verwendet werden. Von Krankheiten bis hin zu wirtschaftlichen Situationen.

Praktischer Leitfaden

Notfälle

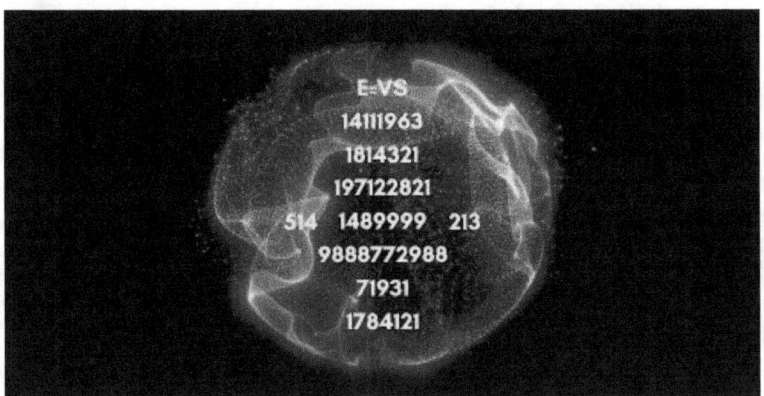

Eine Weltkarte der Ersten Hilfe, die Sie sich auf dem Bildschirm Ihres Telefons ansehen oder ausdrucken und bei sich tragen können. Sie müssen nur ab und zu auf diesen Reiter schauen, denn im Inneren finden Sie:

- Verjüngung
- Globaler Gruß
- Harmonisierung von Veranstaltungen aller Art
- Sich auf die Ebene des Schöpfers erheben

- E=VS, die Energieformel, die jedes negative Ereignis umwandelt und uns von äußeren Manipulationen befreit Absolute Gesundheitsregel
- für alle und für uns selbst.

Einige zusätzliche Tipps

Die Liste der wichtigsten Zahlenfolgen ist ein unschätzbarer Leitfaden, der Ihnen hilft, die Zahlenfolgen auszuwählen, die am besten zu Ihren Zielen passen.

Bevor Sie mit der Nutzung beginnen

- Identifizieren Sie Ihr Ziel: Zunächst sollten Sie den Bereich Ihres Lebens identifizieren, in dem Sie positive Veränderungen herbeiführen möchten. Das kann mit Ihrer Gesundheit, Ihrem Wohlstand, Ihren Beziehungen, Ihrer persönlichen Entwicklung oder etwas ganz anderem zu tun haben.

- Wählen Sie eine Zahlenfolge: Sehen Sie sich die Liste der Zahlenfolgen an und wählen Sie die Zahlenfolge aus, die am besten zu Ihrem Vorschlag passt.

- Wenden Sie die Zahlenfolge an: Folgen Sie den Anweisungen, um die gewählte Zahlenfolge im Alltag anzuwenden.

- Sie können sie durch Pilotierung, Visualisierung oder Meditation nutzen, auf ein Stück Papier schreiben und mitnehmen, ausdrucken und zu Hause oder im Büro aufhängen, als Hintergrundbild auf Ihrem Smartphone speichern, in einen Genesa-Kristall oder eine Pentasphäre einfügen.

- Halten Sie die Absicht wach: Denken Sie daran, dass die Absicht der Schlüssel zur Erreichung Ihrer Ziele ist. Konzentrieren Sie sich auf das gewünschte Ziel, während Sie die Zahlenfolge verwenden.

- Notieren Sie Ihre Ergebnisse: Beobachten Sie die Veränderungen in Ihrem Leben und beurteilen Sie, ob die Zahlenfolge die gewünschte Wirkung hat. Das Führen eines Tagebuchs ist eine hervorragende Übung.

Liste der wichtigsten Zahlenfolgen von Grigori Grabovoi

Denken Sie daran, die innerhalb der Sequenzen vorhandenen Räume zu erhalten.

In der Liste können Sie die gleiche Sequenz für verschiedene Situationen (ähnlich zueinander, aber nicht identisch) oder verschiedene Sequenzen für die gleiche Situation finden.

Wir empfehlen Ihnen, sich von Ihrem Herzen und Ihren Gefühlen leiten zu lassen und die nützlichsten auszuwählen, um die gewünschte Situation zu erreichen.

Wenn Sie Radiästhesie praktizieren, können Sie das Pendel als Werkzeug verwenden, um Sequenzen zu testen und diejenigen auszuwählen, die am stärksten mit Ihrer Energie in Resonanz stehen. Dasselbe gilt, wenn Sie mit den Selbsterfahrungsprinzipien der Kinesiologie vertraut sind.

Lage	Zahlenfolge
A	
Abhängigkeiten (von Substanzen, Drogen, aber auch von Nahrungsmitteln)	5333353
Abszess	518231415
Abszess (generisch)	8148321
Abwehr von chemischen Waffen, Chemtrails, Pestiziden	3194217
Affektive Syndrome	548 142 182

Akne	514832157
Aktivierung des Lichtkörpers	91119919111
Aktivität (Dynamik)	589398719888
Aktualisierung (von der potenziellen Bedingung zur aktuellen Realität)	591 488 611 098 71
Akute Ateminsuffizienz	1257814
Akute Atemwegsinfektionen	48145488
Akute Bronchitis	4812567

Akute Gastritis	4567891
Akute Harnretention	144444
Akute kardiovaskuläre Insuffizienz	1895678
Akute Niereninsuffizienz	8218882
Akute Tonsillitis-Beschwerden	1999999
Akute Virusinfektion (Grippe)	4814212
Akuter Zahnschmerz	5182544

Alkoholismus	148543292
Allergien der Atemwege	45143212
Allergische Erkältung	514852351
Allergische Tracheitis	514854218
Alles ist möglich	5197148
Alles manifestiert sich, wie es soll	918197185
Allgemeine hormonelle Untersuchung	38649129871

Allgemeine Probleme mit dem Mund und den Zähnen	1488514
Allgemeine Schmerzen	4987 12891319
Alopezie	5484121
Älterwerden (Begleitsymptome beseitigen)	519 317 849 317
Amenorrhoe	514354832
Analfurche/-riss	81454321
Analgesie, Analgetikum	219014 8901 519

Anämie	48543212
Anästhetikum	59189171 481
Aneurysma der Aorta	48543218
Angeborene Herzdeformitäten	9995437
Angriff	528471 228911
Angst	54857121918
Angst - Panik	6848154211

Angst (Emotion, die auf die tatsächliche oder eingebildete Quelle der Gefahr gerichtet ist)	489 712 819 48
Angst (Zustand der Erwartung von Gefahr)	891 019 4918808
Ankommende Vergiftung durch Injektionen von Dosen giftiger Medikamente oder giftiger Substanzen in den Körper bei der Chemotherapie	4818142
Ankunft einer akuten Vergiftung	4185412
Ankunft von Hautvergiftungen	4814823
Ankunft von Lebensmittelvergiftungen durch Bakterien, Toxine	5184231

Praktischer Leitfaden

Ankylosierende Spondylitis	489120
Anti-Stress	514891
Antwort auf alles im Sinne der ewigen Evolution	14854232190
Apathie	419316 019817 311
Apathie	938 781 411 8779801
Apnoe	841900 191 891
Appetitlosigkeit	35 87 225

Arbeit bekommen	493151 864 1491
Arbeit finden	493151 864 1491
Arterielle Verstopfung	81543213
Arterien, Venen und Kapillaren	219 387 919 887
Arteriosklerose	54321898
Arthritis	8111110
Astrologie	489717 319481

Atemwegserkrankungen	5823214
Athletenfuß	4518481
Auflösung von Blöcken	32939669
Auftreten von Halluzinationen	4 815 428
Auge	514 317 814 917
Augenerkrankungen	1891014
Ausweitung der außersinnlichen Wahrnehmung	881881881

Auswirkungen von akuter Hepatitis	58432141
Auswirkungen von Bandscheibenvorfällen	5481321
Auswirkungen von chronischer Hepatitis (wenn sie chronisch geworden ist, d.h. seit mehr als sechs Monaten besteht)	512389
Auswirkungen von Hämorrhoiden	58143219
Auswirkungen von Hepatitis	5814243
Auswirkungen von Hepatitis A und B	5412514
Auswirkungen von Migräne	4831421

B

B-Lymphozyten	5 89 1243
Bauchmuskeln	517 318 917 918
Bauchspeicheldrüsenkrebs	8125891
Beckenbodenmuskeln	298 317 919 817
Befreiung von Schulden, Solvenz	574 7814981 48
Beharrlichkeit	498114 319 8

Bei Aufmerksamkeitsstörungen	498 611 01931
Beitrag zur Harmonisierung der Zukunft	148721091
Beitrag zur universellen Harmonisierung	14854232190
Beobachtung von Nesselsucht	1858432
Beobachtung von Ohrinfektionen	55184321
Berufskrankheiten	4185481
Beschleuniger	837837111

Beschützender Talisman	817219738
Betonung der Sensibilität	598412688914
Bindegewebe	719 317 918 517
Bindegewebskrankheit, weit verbreitet	5485812
Bioenergie	918714
Biss von Taranteln	8181818
Bisse von Schlangen und giftigen Arthropoden	4812521

Blasenkrebs	89123459
Blutkrankheiten	1843214
Blutsystem	148542139
Blutung nach Zahnextraktion	8144542
Bösartige Knochentumore	1234589
Bösartige Tumore des Dünndarms	548514
Bösartige Tumore des Mund- und Rachenraums	1235689

Botulismus	5 481 252
Bronchialasthma	8943548
Brustdrüse (Brust)	648317219491
Brustkrebs	5432189
Brustschmerzen	82124567
Brusttumore	9817453
Bürokratie	498712 818914

C

Calcaneum	594 312 814 712
Candidose (Haut und Schleimhäute)	9876591
Candidose (Verdauungsorgane, Stomatomykose oder Soor)	5482148
Chalazion	5148582
Chirurgische Erkrankungen	18574321
Chlor	1482182

Cholesterin kostenlos	1482541
Chronische Bronchitis	4218910
Chronische Gastritis	5489120
Chronische Tonsillitis-Beschwerden	35184321
Climatrium (Menopause)	4851548
Code zur Reinigung des emotionalen Gedächtnisses	61988184161
Crohn-Krankheit	94854321

D

Darm / Dickdarm	591 488 898 217
Darmkoliken	8123457
Darmkrebs	5821435
Das Ergebnis stärken	17981
Das Gefühl, sich zu verlieben	515889
Das Ziel erreichen	894 719 78 48

Deformierende Arthrose	8145812
Der systemische Lupus erythematodes	8543148
Derealisierung	489719 016891
Dermatitis und Hautkrankheiten	18584321
Dermis	498 718 519 317
Diabetes Bronzino	5454589
Diabetes insipidus	4818888

Diabetes mellitus	8819977
Diät	4812412 im Bauch und 1823451 in der Hypophyse
Die "Freiheit" steigern und mit Leben füllen	9189481
Divertikel	48543217
DNA / DNS	53184854961
Down-Syndrom	519517819 31
Drogensucht	5 333 353

Dünndarm	528 317 428 717
Durchfall	5843218
Dyspepsie	1112223

E

Echter Geldfluss	619 714 218 41
Ego	5184913196197189600
Eierstöcke, Entzündung	5143548

Eierstockkrebs	4851923
Eigene Liebe	49181951749814
Ein eingewachsener Zehennagel	4548547
Ein gutes Gehör	248 712 318 222
Einbringen von Harmonie	14111963
Einbringen von Harmonie in die Umgebung	97318541218
Einbringen von Harmonie in eine Beziehung, die Schwierigkeiten hatte	591 718 9181419

Praktischer Leitfaden

Eine faire und präzise Entscheidung treffen	5217319
Eine Verbrennung	8191111
Einfluss	4814212
Einführung in eine Tätigkeit / einen Job	289 471 314917
Einkommen	589 317 318614
Einsamkeit	591617 88061
Eisen	1481521

Ekstase	818914 506971
Ekzem	548132151
Elastische Fasern und Kollagen	519 618 718 215
Eliminierung der Auswirkungen der Chemotherapie	4812813
Emotionale Ambivalenz	591489 718 14
Empathie	816498917314
Energie	818918888841498

Entschuldigung	706 (schreiben Sie es auf das linke Handgelenk)
Epidermis	598 718 889 888
Epilepsie	1484855 und 589712 498 164
Epiphyse	519 317 819 217
Epitheliales Gewebe	891 389 426 319
Ereignisoptimierung auf dem Weg zur ewigen Evolution	213
Ereignisstandard und sofortige Problemlösung	741

Erfolg für eine Veranstaltung	127931917
Erfolg in der Schule wünschen	212585212
Erfolg in ständiger Entwicklung	71042 88148194
Erfolgreiches Geschäft	8 918 014915 6481
Erholung / Reinigung Ihres Hauses oder Ihrer Umgebung von negativen Energien	8888 und 19751
Erkältung	5189912
Erkrankungen der Nieren und der Harnwege	8941254

Praktischer Leitfaden

Erkrankungen der Ohren, des Halses und der Nase	1851432
Erkrankungen der Verdauungsorgane	5321482
Erkrankungen des Herz-Kreislauf-Systems	1289435
Erkrankungen des Muskel- und Skelettsystems	514218873
Erste Hilfe	938 179
Erster oberer Molar	369 481 319 478
Erweiterung des Bewusstseins	1888888 ... 9 ... 1

Erweiterung Ihrer Intuition	35968
Ewige Jugend	1489999

F

Fähigkeit, glücklich zu sein	914891319
Fähigkeit, zukünftige Ereignisse vorherzusagen	598 688 716 01
Faulheit	318 41791844
Fettleibigkeit	4812412

Fibroadenom der Brust	4854312
Finanzielle Fülle	318 798
Flutolenz	86 66 431
Forschungstätigkeit (intellektuell)	566890789 128
Fraktur	1428543
Frakturen	7776551
Frei, die Person zu sein, die ich bin	7349

Freundschaft	8901 678 914 81
Frieden und inneres Gleichgewicht	100 110 5010
Fülle	71427321893
Für die Entwicklung ewig währender ökologisch nachhaltiger Technologien	9187114 39 19
Für die Normalisierung der finanziellen Situation	71427321893
Furunkulose	5148385
Fußmuskeln	519 371 819 511

G

Gallenblasenkrebs	8912453
Gallensteine	148012
Gastroenteritis	5485674
Gebärmuttermyom (oder Fibrom)	51843216
Gefühl der geistigen Erschöpfung	518491498
Gefühl von (körperlicher) Müdigkeit	51996173194891

Gehemmte (verbotene/ blockierte) Liebe	219888 412 1289018
Geistige Gesundheit (psychisch)	519481913711 81
Geistige Retardierung	1857422
Geistiger Defekt	8885512
Geld anlocken	372 622 777
Geldfluss	318 612 518 714
Gelenke	1489123

Gelenkprobleme	5421891
Genetische Zellregeneration	298741
Gesamtcholesterin	1482121
Gesamtöstrogen im Blut	52143219
Gesichtslähmung	518999955
Gesundheit allgemein	1814321
Gewicht (nicht erhöhen)	79 418

Gewinn - das Hauptziel der unternehmerischen Tätigkeit; eine transformierte Form des Mehrwerts	61931851971
Gicht, großer Zeh	8543215
Glaube	598 888 998 617
Glaukom	5131482
Globaler Gruß und Verhinderung globaler Katastrophen	1784121
Globales Heil und harmonische Entwicklung	19725181
Glossalgie	514852181

Glossite	1484542
Gonado-hypophysäres System	1821454
Großer Adduktorenmuskel	519 312 819 712
Guibole/rechter Fuß	4812531
Gute Laune und Lebensfreude	9189481
Gute Zukunft	97317819
Guter Ruf am Arbeitsplatz	419 818719 914 481

Gynäkologische Probleme	1489145
Gynäkomastie	4831514

H

Haarausfall, Ausdünnung	491 519 619
Haarfollikel	314 912 814 889
Hals-Nasen-Ohren-Krankheiten - Ohren Nase Hals	185143
Halswirbel	219 213 319 721

Harmonie in menschliche Beziehungen bringen	814418719
Harmonische Arbeitsbeziehungen	41111963
Harmonische Beziehung	515 4891
Harmonische Beziehungen innerhalb der Familie	285555901
Harmonisierende Einbringung von Pflanzen	811120218
Harmonisierungsbeitrag aus der Vergangenheit	7819019425
Harmonisierungsbeitrag bei Familienproblemen	2855555901

Harmonisierungsbeitrag bei Tieren	555142198110
Harmonisierungsbeitrag der Gegenwart	71042
Harnblase	219 389 998 419
Harnröhre	329 487 948 216
Haut	519 606 901 319
Hautkrankheiten	1858432
Hautkrebs	8148957

Heil und harmonische Entwicklung aller	3917 28 519
Heilung der Katze	471918498
Heilung von Hunden	8941898
Heiterkeit	5148123
Hepatische Insuffizienz	8143214
Hepatose-Effekte	9876512
Herpes	2312489

Herpes Zoster	51454322
Herz-Kreislauf-Probleme	1454210
Herzaneurysma	9187549
Herzinfarkt	8914325
Herzinfarkt / Schlaganfall	4818542
Herzinsuffizienz	8542106
Herzstillstand	8915678

Heteronome Moral	528 641 31817
Hirntumore (Kopf und Wirbelsäule)	5431547
Hoher Blutdruck	8145432
Hundevirus	519371298
Hypersexualität	5414855
Hypothalamus (Zentrum der Thermoregulation)	918 671 818 971
Hypovitaminose	5154231

Hysterie	5154891
Hysterische Syndrome	5 154 891
I	
Ideale Zukunft	813791
Ihr Selbstvertrauen	517 489719 841
Ihren Stoffwechsel aktivieren	1823541
Illumination	50816121 0981

Praktischer Leitfaden

Immunsystem	219 648 317918
Impotenz	8851464
Infektionskrankheiten des Hundes	671498751
Infektiöse Krankheiten	5421427
Ingenieurwesen	519 007 918 788
Inneres Gleichgewicht, Frieden	4748 132148
Insektenstiche (Bienen, Wespen, Mücken)	9189189

Inspiration	891498314 719
Integration von Veränderungen in uns selbst oder in unserem Leben entsprechend unseren Zielen	18888 99
Intellekt	419886 7198
Intelligenz	58961431798
Iritis	5891231
Ischiasnerv	898 919 719 828
K	

Kalzium	1485321
Kapillarfilter	185 494 016 001
Kaposi-Sarkom	8214382
Kardiale Arrhythmien	8543210
Katatonische Syndrome	51 843 214
Kinderkrankheiten	18543218
Kindlicher Autismus	428 516 3190

Kniegelenk	419 718 214 328
Konzentriert bleiben	71381921
Kopf	181999
Kopfschmerzen	4818543
Koronararterien	1454210
Krampfaderdilatation der Venen der unteren Gliedmaßen	4831388
Krampfadern	4831388

Krankheiten des Kreislaufsystems	1289435
Kratzer einer Katze	48.145.421
Krebs der äußeren Geschlechtsorgane	12589121
Krebs der extrahepatischen Gallenwege	5789154
Krebs im Rachenraum	8912567
Kurzsichtigkeit	548132198
Kutane Lymphome	5891243

L

Leader	418914 318 718
Leben	889041 3189888
Leberkrebs	5891248
Lebersteatose	5143214
Lendenwirbel	519 317 819 218
Lernfähigkeit	398117 918

Liebe	888 412 1289 018 und 888 912 818848
Liebesnorm	938
Linker Arm/Hand	4851384
Lippenkrebs	1567812
Lösen (Bestimmung)	498518498
Lösung für allgemeine Probleme und Fragen zu jedem Thema	212309909
Lumbaler Schmerz, lumbaler Brustgurt	529 317 919 817

Lungenentzündung	4814489
Lungenödem	54321112
Luxationen	5123145
Lymphadenitis	4814842
Lymphome	54321451
M	
Magen-Dyskinesien	8123457

Magenbeschwerden	898 898478 213
Magenkrebs	8912534
Magnesium	514831298
Makro-Gruß	319817318
Malabsorption	48543215
Manifestation von Wünschen	1176
Mastitis	8152142

Mastopathie	84854321
Melancholie	614 318171 8914218
Melanom	5674321
Meningitis	51485431
Meniskusriss	8435482
Mesotheliom	58912434
Metatarsalknochen	918 714 888 914

Methode der Unsterblichkeit	217 91
Mikrozirkulation	549 318 497 561
Mineralstoffwechsel im Blut	518431181
Mononeuropathie (Neuritis und Neuralgie der einzelnen Nervenbahnen)	4541421
Multiple Sklerose	51843218
Muskeln des Augapfels	512 901 318 201
Muskelsystem	214 712 314 222

Myasthenia gravis	9987542
Myokarditis	8432110

N

Nachwachsende Haare	5484121 (in drei aufeinanderfolgenden Monaten)
Nachwachsende Schilddrüse	829 319 409 819
Nahrungsmittelallergie	2841482
Narkolepsie	48543216

Nasenbluten (Epistaxis)	65184321
Nasenpolypen	5519740
Nasopharyngeale Tumore	567891
Nebenschilddrüsentumore	1548910
Negative Gedanken und Gefühle in positive umwandeln	10 hoch minus 17
Negativismus	519 448 9184
Netzhautablösung	1851760

Neuroblastom	8914567
Neurodermitis	1484857
Neurologische Probleme	148543293
Neurose	48154211 und 4815421
Neurosthenie	4815421181
Neurovegetative Dystonie	8432910
Nichts ist unmöglich	519 71 48

Niedriger Blutdruck	8143546
Nierenkrebs	56789108
Nierensteine	5432143
Nikotinabhängigkeit	1414551
Normalisierung aller chemischen Elemente im Körper	51821421728
Normalisierung der Blutbiochemie	514832189
Normalisierung der Gallensäfte	514852188

Normalisierung der Magensäfte	5148210
Normalisierung der nationalen Wirtschaft	137 142 133 914
Normalisierung der Wasserstruktur im Körper	51951348988
Normalisierung der wirtschaftlichen Haushaltsprobleme	137142133914
Normalisierung des Blutsystems	148542139
Normalisierung des Gedächtnisses	5893240
Normalisierung des Speichels	514821441

Normalisierung des Urins	1852155
Normen für zukünftige Ereignisse. Stellen Sie sich das Ergebnis vor, wenn Sie die Steuerungsmethode	7193718

O

Obere mittlere Schneidezähne	914 501 604 981
Oberer Eckzahn	471 891 016 498
Oberer Prämolar (erster)	614 218 598 781
Oberflächliche Beugesehnen der Finger	598 712 899 422

Odiosität	498 681 019 4
Ökologische Sicherheit	719 3185 43218
Oligophrenie (Demenz)	1857422
Optimales Lernen des Unterrichts	17981
Optimismus	498 9171 81948
Orchideen	818432151
Organisation	918471 318 9421

Orgelet	514854249
Otomykose	514832188
Otosklerose	4814851

P

Panik	489314 81961
Parasitosen, die durch Würmer, Helminthen und deren Larven verursacht werden, die sich im Körper einer Person befinden.	5124548
Parkinson (Krankheit)	5481421

Parodontitis	5182821
Parodontose	42158145
Parodontose	58145421
Passion	318717918489
Perfekte Gesundheit	1814321
Periarthritis	4548145
Perikarditis	9996127

Peritonitis	1428543
Pflege der Natur und der Umwelt	219488898912
Phantasie	561319314817
Pharyngitis	1858561
Phimose, Paraphimose	180010
Phlebothrombose	1454580
Phlegmone	48143128

Phobie	59873189849
Phobien	891 019 4918808
Phosphaturischer Diabetes	5148432
Phosphor	1482152
Plattfuß	1891432
Polyp	4819491
Positives Feedback, um Geld anzuziehen	82712804 82712804

Private Probleme lösen können	97538159
Problembewusstsein aktivieren (das Problem verstehen)	97185319
Probleme mit dem Hals und der Wirbelsäule	5481321
Probleme mit juckender Haut	1249812
Probleme mit Juckreiz	5189123
Probleme und Fragen lösen	25122004
Prolaktin	1458215

Prostatakrebs	4321890
Psoriasis	18543214
Psoriasis	999899181
Psychische Hilflosigkeit	8985 419 81
Psychische Verteidigung	591069 51
Psychologisch bedingte sexuelle Schwierigkeiten / Störungen	2148222
Psychologische Anpassung	591478918988912

Psychologische Barriere (Trägheit, inneres Hindernis psychologischer Natur, Angst, Unsicherheit)	498714 889057
Psychopathie	4182546
Psychose	18543219
Psychosensorische Schwierigkeit / Störung	31758936194
Psychosomatische Schwierigkeit / Störung	518916
Pulpitis	1468550

R

Reasoning (wie mentaler Prozess)	8 9888 418 704 319
Recht auf Entschädigung, staatliche Entschädigung	91888944219
Recht auf Privateigentum	4194817881
Recht auf Wohnen	7988194998
Rechter Arm/Hand	1854322
Rechtliche Normen	721345817
Regeneration (allgemein)	2145432

Praktischer Leitfaden

Regeneration der Haut	156195171110
Regeneration des gesamten Organismus	419 312 819 212
Reife B-Lymphozyten	498 164 019 981
Reihenfolge der Beschaffung von Waren	516718419712
Reisen mit dem Flugzeug, Auto, Bus oder Schiff	777
Rektalfisteln	5189421 (für interne oder externe Fisteln)
Rheuma	5481543

Rheumatische Erkrankungen	8148888
Rheumatoide Arthritis	8914201
Rolle von Kupfer	1481214
Rückenmark	314 218 814 719
Rückgang der Kriminalität in den Städten	978143218
Säure-Basen-Gleichgewicht des Blutes	1454821

S

Schambeinsymphyse	368 214 598 471
Schilddrüse (endokrine Probleme)	1823451
Schilddrüsenkrebs	5814542
Schizophrenie	1858541
Schlaflosigkeit	514248538
Schmerzen	49871289121
Schmerzen in den Extremitäten	8148888

Schmerzhafte und blutende Menstruation	4815812
Schulden, Insolvenz	4897213197
Schutz vor Angriffen	14789
Schutz vor dem Ertrinken	811711887
Schutz vor jeder gefährlichen Situation	71931
Schutz vor negativen Energien	8888
Schutz vor Unfällen auf der Straße	11179

Schutz vor Witterungseinflüssen	8887184321
Schutz, der alle Probleme löst	98 98 555 98 98
Schwächen / Verletzungen	5148912
Schwangerschaft	1899911
Schwierigkeit / manisch-depressive Störung	514218857
Schwierigkeiten beim Lesen	299481319711
Schwindel	514854217

Sehorgane	219 317 989 312
Seine kritischen Zustände	125891
Seine negativen emotionalen Zustände	5418538
Selbstaktualisierung	191 317 48 1901
Selbsterkenntnis	819497264188
Selbstfortbildung	318719819
Selbstheilung	817992191

Selbstpflege des Körpers	9187948181
Selbstregeneration des Organismus	7448914761
Selbstsabotage	5148 514 318912 512
Selbstverwirklichung	319612719849
Sepsis	58143212
Sequenz für diejenigen, die eine Unterkunft suchen	975198931
Sequenz für Tiere	55514219811 0

Sex (mangelnde sexuelle Anziehung)	519 916
Sexuelle Schwierigkeiten / Störungen	1818191
Sicherheit und Lebensstandard aller Menschen	975198931
Sicherheit und Schutz während des Fluges	1937198
Sinusitis	1800124
Sofortige Hilfe	938179
Soziale Anpassung	548321819911

Speicher	319 061 988 18
Stabilisierung der Wirtschaft	318 648219 67
Stamm	5185213
Standard des psychologischen Zustands	8345 444
Standard für die Unterzeichnung von Rechtsdokumenten + Regel für zukünftige Ereignisse	187219
Standardisierung von Laborparametern	1489991
Steißbein	218 312 248 228

Stomatitis	4814854
Strabismus	518543254
Stressen	819471
Strukturierung des Wassers auf dem Planeten auf der Ebene des Schöpfers	79 13518941
Stur	548319316891
Suche / Anrufung der Macht des Schöpfers in meinem Leben	1231115025
T	

Talent	5984971841
Tendinitis, Tenosynovitis	1489154
Thrombophlebitis	1454580
Thyreoiditis	4811111
Tinnitus	1891014 und 1488513
Trachom	5189523
Traum (wir sorgen dafür, dass unser Traum wahr wird, d. h. der Prozess der Materialisierung von Gedanken)	489614 319 8

Trauma der inneren Organe	8914319
Traumata und orthopädische Erkrankungen	1418518
Traumatische Shocs	1895132
Traurigkeit	5418538
Trigeminus-Neuralgie	5148485
Triglyceride	18543215
Tumor im Gehirn	5451214

Tumore der Nasen- und Nasengänge	8514256
Tumore der Nebennieren	5678123
Tumorpathologien	8214351

U

Über die unteren Gliedmaßen	5123481
Übergewicht (Gewicht verlieren)	4812412
Überschutz / Schutzschild (gegen jede Art von negativer Energie, sowohl Umwelt- als auch menschliche Energie)	814418719

Um das Negative ins Positive zu bringen	1888948
Um den Verkehr zu erleichtern	52025
Um die Beziehungen um Sie herum zu harmonisieren	5154891
Um die Kapillaren auf Standard zu bringen	478 821 294 364
Um die negativen Handlungen der Ordnungskräfte rückgängig zu machen, werden rechtliche Fragen geregelt	721345817
Um die Seele zu reinigen und zu heilen	8911171
Um eine Frage an Grabvoi zu stellen	417584217888

Um Grabvoi zu kontaktieren	3582295
Um mit dem Rauchen aufzuhören	1414551 und 5333353
Um sich mit Ihrem Geist und dem Schöpfer zu verbinden	12370744
Umwandlung aller giftigen Abfälle	91 887 918 9147
Umwandlung einer negativen in eine positive Situation	1888948
Umwandlung von negativen Informationen in positive Informationen	19751
Unabhängige Moral	528641 3184

Unbekannte psychophysische Schwierigkeiten/Störungen	1884321
Unbewusster Widerstand	548 491 698 719
Unerwartete Summen	520
Unfruchtbarkeit	9918755
Unmittelbare Heilung	19751
Unruhe	291 814 888917 312
Unterer erster Molar	518 495 319 816

Unzureichende Durchblutung	85432102
Ureterkrebs	5891856
Urethritis	1387549
Uveitis	54843219

V

Vaginismus	5142388
Verantwortung	517 314 81911

Verdauungsapparat	514 388 914 888
Verdauungsorgane	523 000 898 111
Verdauungsschwierigkeiten/-störungen	5321482
Verhinderung der Verschmutzung des Weltwassers	91738919
Verjüngen (Abrus precatorius)	894328719818498
Verjüngung	2145432 und 374298
Verjüngung	219

Verjüngung der Haut und des Gewebes	519 606 901 319
Verkauf des Hauses	41981971981
Verkäufe (jeder Art)	54121381948
Verliebte Gefühle	47648676
Verlorene Gegenstände	471891472
Verrat und Verletzungen durch Verrat	53 14 80 853
Verspannungen im Kopf- und Nackenbereich	8421432

Verzerrung	5148517
Vestibulocochleärer Nerv	518 317 918 221
Virale oder bakterielle Infektion	5421427
Vitalität	498716988 079
Vitiligo	4812588
Vollständige Wiederherstellung von Pflanzen, für alle Arten von Schaden	71888421901109
Vorbeugung der Hautalterung	74511160461510

W

Warzen	5148521
Wassereinlagerungen, Dehydrierung	51951348988
Wegener-Granulomatose	8943568
Weglaufen / Flucht in der Krankheit	591398 712 889
Weil alles zu 100% umgesetzt wird	918197185
Wichtiger Neid	489714318 591

Widerstand der Patienten gegen die Behandlung	548 498 319 317
Widerstände des Unbewussten im Allgemeinen	54891698719
Wiederherstellen des Körpers	498 714 81
Wiederherstellung der Gesundheit	88888588888
Wiederherstellung der Haarfarbe	4981943147
Wiederherstellung der Haarfarbe	49819431947
Willenskraft	35 42 888

Willkommen zur Veränderung in meinem Leben	342165
Wirtschaft	519318498614
Wirtschaftliche Unabhängigkeit	819 419 714
Wirtschaftspolitik (was die Regierung unternimmt)	694318219718
Wunsch / Hoffnung	489061 719 88 0618
Wünschen, dass das Beste passiert	79635275

Z

Zahn, Fraktur	814454251
Zahnfleisch - Gingivitis	548432123
Zahnschmerzen	5182544
Zahnstein	514852182
Zeit in Geld umwandeln	4148188
Zellerneuerung	12746391
Zelluläre Reinigung	719

Zentrales Nervensystem	291 384 074 217
Zurückhalten von Wasser	548 961 558 711
Zweckbestimmung eines Gemeindehauses	975198931
Zweiter oberer Prämolar	378 498 514 916
Zweiter unterer Prämolar	514 817 316 498
Zwischenwirbelscheibe	648 217 398 491

Schlussfolgerungen

In diesem praktischen Leitfaden, der Grigori Grabovois Zahlenfolgen und PILOTAGEN gewidmet ist, haben wir Sie auf eine erhellende Reise in die mächtige Welt der Zahlenfolgen und der bewussten Erschaffung der Realität begleitet.

Wir haben versucht, die wichtigsten Werkzeuge bereitzustellen, um die Grabovoi-Zahlenfolgen zu verstehen und im täglichen Leben anzuwenden. Dieser Leitfaden wird zu einem Kompass, der jeden von uns durch die Tiefen unseres Wesens führen kann und die Tür zu körperlicher Heilung, persönlicher Entwicklung und Harmonisierung mit dem Schöpfer öffnet.

Zahlenfolgen werden so zu unserem Mittel, um uns mit der schöpferischen Kraft des Universums zu verbinden, die die Realität mit Bewusstsein und Absicht steuert. Dabei lernen wir, unsere Aufmerksamkeit auf die bewusste Erschaffung eines Schicksals in Harmonie mit dem Göttlichen zu lenken.

Wir schließen diesen praktischen Leitfaden mit der Hoffnung, dass sich jeder Leser inspiriert fühlt, diese Sequenzen in sein tägliches Leben zu integrieren und so zu einem geschickten "Piloten" seiner eigenen Realität zu werden. Möge die bewusste Anwendung der Zahlenfolgen zu bedeutenden Veränderungen und einer tiefgreifenden persönlichen Entwicklung führen.

Wir danken jedem Leser, dass er an dieser Reise der Entdeckung und des Wachstums teilnimmt. Möge Grigori Grabovois praktischer Leitfaden zu Zahlenfolgen weiterhin den Weg jedes Einzelnen erleuchten und Heilung, Wohlstand und Bewusstsein in das tägliche Leben bringen.

Milena und Helene

Praktischer Leitfaden

Bio

MilenaSangiacomo, eine beliebte Figur in der Welt der Zahlenfolgen von Grigori Grabovoi, verbrachte eine abenteuerliche Kindheit, als sie mit ihrer Familie in verschiedene Teile der Welt reiste und eine tiefe Neugier für die Vielfalt der Kulturen entwickelte.

Später studierte er Geschichte der östlichen Religionen und Philosophien und nährte so seine Leidenschaft für altes Wissen und Weisheit.

Während ihrer 12-jährigen Tätigkeit als Lehrerin für italienische Literatur in Russland tauchte sie in die reiche Geschichte und Spiritualität Russlands ein und bereicherte so ihr Verständnis der Welt und des menschlichen Bewusstseins.

Seine Hingabe an die Integration verschiedener Disziplinen hat zu seiner einzigartigen Perspektive auf die Macht von Zahlenfolgen zur Transformation des täglichen Lebens, der universellen Gesetze und der spirituellen Disziplinen beigetragen.

Haftungsausschluss

Die in diesem Buch präsentierten Informationen sind ausschließlich zu allgemeinen Informationszwecken bestimmt. Der Inhalt dieses Buches ersetzt nicht die Beratung, Diagnose oder Behandlung durch einen Fachmann.

Die Autorin, Milena Sangiacomo, ist keine zugelassene medizinische oder psychische Gesundheitsexpertin. Die Leser werden ermutigt, qualifizierte Fachleute bezüglich ihrer spezifischen Gesundheit, psychischen Gesundheitsproblemen oder bestimmten medizinischen Bedingungen zu konsultieren.

Die in diesem Leitfaden bereitgestellten Praktiken, Übungen und Ratschläge basieren auf ganzheitlichen und spirituellen Perspektiven und konzentrieren sich auf die Zahlenreihen von Grigori Grabovoi. Obwohl diese Ansätze wertvolle Erkenntnisse und Vorteile bieten können, können die individuellen Erfahrungen variieren. Es ist wichtig, bei der Anwendung der präsentierten Informationen Urteilsvermögen zu verwenden und die eigenen gesundheitlichen Bedingungen und persönlichen Einschränkungen zu berücksichtigen.

Der Autor und der Herausgeber übernehmen keine Verantwortung für Verluste, Verletzungen oder Schäden, die direkt oder indirekt durch die Verwendung, Anwendung oder Interpretation der in diesem Leitfaden bereitgestellten Informationen entstehen.

Die Leser sollten Vorsicht walten lassen und geeignete Fachleute konsultieren, bevor sie wesentliche Änderungen ihres Lebensstils vornehmen, insbesondere wenn sie bestehende Krankheiten oder Gesundheitsprobleme haben.

Durch das Lesen und die Interaktion mit dem Inhalt dieses Leitfadens erkennen die Leser an, dass sie die Verantwortung für ihre eigenen Entscheidungen und Handlungen übernehmen, die auf den hier präsentierten Informationen basieren. Der Autor und der Herausgeber sind nicht verantwortlich für die Ergebnisse, die sich aus der Anwendung der in diesem Leitfaden beschriebenen Praktiken und Konzepte ergeben.

Vielen Dank für Ihr Verständnis und Ihr Engagement für Ihr Wohlbefinden.

Milena Sangiacomo

www.ingramcontent.com/pod-product-compliance
Lightning Source LLC
Chambersburg PA
CBHW071922210526
45479CB00002B/516